全国中等职业学校电工类专业通用

全国技工院校电工类专业通用（中级技能层级）

企业供电系统及运行（第六版）习题册

唐志忠　主编

中国劳动社会保障出版社

简　介

本习题册是全国中等职业学校电工类专业通用教材/全国技工院校电工类专业通用教材（中级技能层级）《企业供电系统及运行（第六版）》的配套用书。习题册按照教材章节编排，内容紧扣教材的教学要求，注重基础知识的巩固和基本能力的培养，知识点分布均衡，题型丰富，难易适当，有助于学生复习巩固所学知识。

本习题册由唐志忠任主编，杨晓辉、宋洋任副主编，刘艳、祁俊微参加编写。

图书在版编目(CIP)数据

企业供电系统及运行（第六版）习题册/唐志忠主编. -- 北京：中国劳动社会保障出版社，2020

全国中等职业学校电工类专业通用　全国技工院校电工类专业通用. 中级技能层级

ISBN 978-7-5167-4605-9

Ⅰ.①企…　Ⅱ.①唐…　Ⅲ.①工业用电-电力系统运行-中等专业学校-习题集　Ⅳ.①TM727.3-44

中国版本图书馆 CIP 数据核字(2020)第 186576 号

中国劳动社会保障出版社出版发行

（北京市惠新东街 1 号　邮政编码：100029）

*

北京鑫海金澳胶印有限公司印刷装订　新华书店经销

787 毫米×1092 毫米　16 开本　4 印张　84 千字

2020 年 10 月第 1 版　　2025 年 6 月第 7 次印刷

定价：9.00 元

营销中心电话：400-606-6496

出版社网址：http://www.class.com.cn

http://jg.class.com.cn

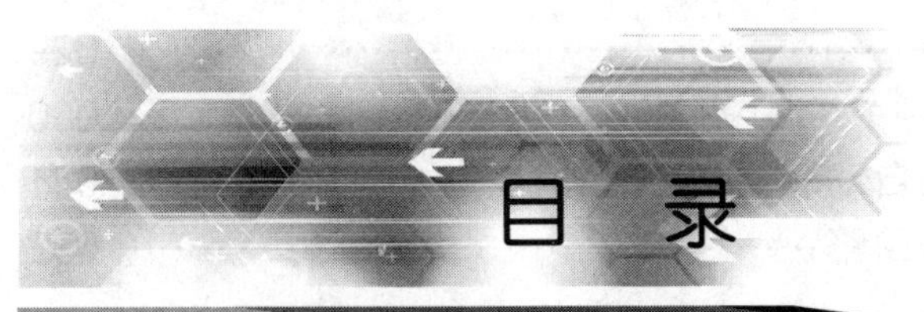

目 录

第一章 电力系统概论

§1-1 电力系统的基本概念 …… 001
§1-2 电力系统的电压 …… 002
§1-3 电力系统中性点运行方式 …… 003
§1-4 短路的基本知识 …… 005

第二章 企业供电系统的主要电气设备

§2-1 高压一次设备 …… 007
§2-2 低压一次设备 …… 010
§2-3 电力变压器与互感器 …… 013
§2-4 电气设备的选择 …… 014
§2-5 主要电气设备的运行维护要求 …… 015

第三章 企业供电系统的变配电

§3-1 企业变配电站的作用和类型 …… 017
§3-2 企业变配电站的主接线 …… 018
§3-3 企业变配电站的运行管理 …… 019
§3-4 企业常见的用电设备 …… 021
※§3-5 电力负荷及其计算 …… 022

第四章 企业供电系统的保护及二次回路

§4-1 继电保护装置的作用和基本特性 …… 026
§4-2 常用的保护继电器 …… 027
§4-3 电力变压器继电保护 …… 028

§4－4　高压线路继电保护 …… 029
§4－5　高压电动机继电保护类型 …… 030
※§4－6　企业变配电站的操作电源与自动装置 …… 031
※§4－7　企业变配电站的控制和信号回路 …… 032

第五章　企业电力线路

§5－1　企业电力线路的接线方式 …… 034
§5－2　架空线路的结构与敷设 …… 035
§5－3　电力电缆的结构、种类和敷设 …… 036
§5－4　车间线路的结构和敷设 …… 037
§5－5　电力线路导线截面的选择 …… 038
§5－6　电力线路的运行与维护 …… 039

第六章　电气防雷与接地

§6－1　雷电过电压 …… 041
§6－2　防雷装置 …… 042
§6－3　防雷措施 …… 044
§6－4　电气设备接地 …… 045

第七章　企业电气照明

§7－1　电气照明的基本概念 …… 048
§7－2　电光源、照明器及其选择 …… 049
§7－3　照明种类及照度标准 …… 052
§7－4　照明器的布置与供电方式 …… 053

第八章　企业的电能节约

§8－1　节约用电的意义和措施 …… 055
§8－2　电动机与变压器的节能 …… 056
§8－3　提高企业供电系统的功率因数 …… 058

标记※的为选做内容。

第一章　电力系统概论

§1－1　电力系统的基本概念

一、填空题

1. 一次能源是指直接来自自然界的能源，包括______、原油、天然气等。二次能源包括______、热能、成品油等。

2. 水力发电厂是利用水流的______转换为电能，火力发电厂的能量转换过程是：燃料的化学能→______→机械能→电能。

3. 太阳能发电厂是通过光电转换元件（如光电池）直接将________转换为电能。

4. ________通常是指发电、变电、输电、配电和用电的整体。

5. ________和频率是衡量电能质量的两个重要指标。

二、选择题

1. 企业供电系统要求首先保证（　　）性。

A. 经济　　B. 优质　　C. 安全

2. 供电的“优质”主要是指（　　）质量。

A. 设备　　B. 电能　　C. 电压与频率

3. 热电厂除可供给电能外，还可以供给（　　）。

A. 核能　　B. 热能　　C. 势能

三、判断题

1. 电能的生产、输送、分配和使用的全过程，是在同一瞬间完成的。（　　）
2. 发电厂是将自然界蕴藏的各种一次能源转换为二次能源的工厂。（　　）
3. 核能发电厂也称原子能发电厂。（　　）
4. 风力发电厂应建在有丰富风力资源的地方。（　　）
5. 电能是使用最方便，也最清洁的能源。（　　）
6. 企业供电系统也称电力系统。（　　）
7. 对电力系统的基本要求中最重要的一点是要经济。（　　）
8. 电力系统的运行方式必须满足系统稳定性和可靠性的要求。（　　）

四、简答题

1. 水力发电厂是如何发电的？

2. 什么是电力系统？对电力系统的基本要求是什么？

3. 热电厂和火电厂有什么区别？

§1-2 电力系统的电压

一、填空题

1. 发电机额定电压高于同级电网额定电压______%。

2. 企业采用的高压配电电压通常为6～10 kV。从技术经济指标来看，采用______kV为好。

3. 企业的低压配电电压一般采用________V。

二、选择题

1. 一发电机和一变压器相连，已知该变压器的一次侧额定电压是6.3 kV，则该发电机的额定电压是（　　）kV。

A. 6.6　　B. 6.3　　C. 6

2. 一变压器二次侧接一线路，已知该线路的额定电压是10 kV，则该变压器二次侧的额定电压是（　　）kV。

A. 10　　B. 10.5　　C. 11

3. 用电设备额定电压与同级电网额定电压的关系是（　　）。

A. 高出5%　　B. 降低5%　　C. 相等

三、判断题

1. 用电设备的额定电压和发电机的额定电压相同。（　　）

2. 假如降压变压器二次侧所接较长电力线路的额定电压是10 kV，那么该变压器有两个二次侧的额定电压，分别为10.5 kV和11 kV。（　　）

3. 按照交流电力系统电压等级的划分，1 000 kV及以下称为低压，1 000 kV以上称为高压。（　　）

四、简答题

为什么规定发电机的额定电压应高于同级电网额定电压？

§1-3　电力系统中性点运行方式

一、填空题

1. 我国3~66 kV系统，特别是3~10 kV系统，一般采用中性点________的运行方式。

2. 我国____kV及以上的高压、超高压系统的电源中性点通常都采用直接接地的运行方式。

3. 在单相接地电容电流大于一定值的电力系统中，电源中性点必须采取________________________的运行方式。

二、选择题

1. 在大接地电流系统中，中性点接地的方式有（　　）种。

A. 2　　B. 3　　C. 4

2. 0.22/0.38 kV 系统的中性点（　　）。

A. 经消弧线圈接地　　B. 不接地

C. 直接接地

3. 我国 110 kV 及以上供电系统属于中性点（　　）系统。

A. 不接地　　B. 经消弧线圈接地　　C. 直接接地

4. 我国 10 kV 供电系统不属于中性点（　　）系统。

A. 直接接地　　B. 经消弧线圈接地　　C. 不接地

5. 某变配电站监视高压绝缘的相电压表一相指示降为零，其他两相电压均升高，其原因是（　　）。

A. 电压互感器熔断器一相熔断

B. 电压表损坏

C. 系统单相接地

三、判断题

1. 所谓中性点的运行方式，就是指发电机或变压器的中性点接地方式。（　　）

2. 当中性点不接地的电力系统中发生单相接地时，三相用电设备的正常工作并未受到影响的原因是系统的线电压没变。（　　）

四、简答题

1. 为什么中性点不接地的电力系统发生单相接地时，不影响三相用电设备的正常运行，但又不允许长时间运行？

2. 消弧线圈的作用是什么？

3. 什么情况下应该采用中性点直接接地系统？为什么？

4. 低压配电系统中，TN、TT、IT 三种接地系统有哪些不同点？

5. 你所在学校实训场地低压配电系统采用的是哪种接地形式？

§1-4 短路的基本知识

一、填空题

1. 企业供电系统中最为常见的故障是______________。
2. 在企业供电系统中，发生______相短路的可能性最大。

二、选择题

1. 下列短路形式中，属于对称性短路的是（　　）。

A. 三相短路　　B. 两相短路
C. 单相短路　　D. 两相接地短路

2. 短路可能造成的严重后果不包括（　　）。
   A. 短路时企业供电系统中保护装置动作，造成停电
   B. 使系统中的故障元件和短路电路中的其他元件损坏
   C. 短路时，短路电路中电压骤然升高，烧毁电路中的电气设备
   D. 对附近的通信线路、电子设备等产生干扰

三、判断题

1. 造成短路的原因主要是电气设备载流部分的绝缘损坏。（　　）
2. 在企业供电系统中，单相短路的危害最严重。（　　）

四、简答题

在三相企业供电系统中，系统短路可分为哪几种类型？它们的区别是什么？

第二章　企业供电系统的主要电气设备

§2－1　高压一次设备

一、填空题

1. 变配电站中承担输送和分配电能任务的电路称为一次电路。一次电路中所有的电气设备称为＿＿＿＿＿＿设备。

2. 常用的一次设备有高压熔断器、＿＿＿＿＿＿、高压负荷开关、＿＿＿＿＿＿、高压互感器等。

3. 用来控制、指示、监测和保护一次设备运行的电路称为二次电路。二次电路中的所有电气设备称为＿＿＿＿＿＿设备。

4. 常用的二次设备有低压熔断器、低压刀开关、低压负荷开关、＿＿＿＿＿＿、低压配电柜等。

5. 高压＿＿＿＿＿器是由金属熔体、熔管及支持熔体的触头组成的。

6. 熔断器的功能主要是对电路及设备进行＿＿＿＿＿＿保护，但有的熔断器也具有过负荷保护的功能。

7. 熔断器按限流作用分类，可分为＿＿＿＿＿＿和＿＿＿＿＿＿两种。

8. RN1 和 RN2 型高压管式熔断器属于＿＿＿＿＿＿式，禁止户外使用。

9. RW4 和 RW10(F)型户外跌落式熔断器，既可作为 6～10 kV 线路和变压器的＿＿＿＿＿＿保护，又可在一定的条件下，直接通断小容量的空载变压器、空载线路等。

10. RW4－10/50 型是指额定电流 50 A，额定电压 10 kV，户外 4 型的＿＿＿＿＿＿。

11. 高压隔离开关的主要功能是隔离高压＿＿＿＿，以保证能安全地检修电气设备和线路。

12. 高压隔离开关按安装地点，可分为＿＿＿＿＿＿和＿＿＿＿＿＿两大类。

13. GN8－10/600 型是指额定电压 10 kV，额定电流 600 A，户内 8 型的＿＿＿＿＿。

14. 高压负荷开关具有简单的＿＿＿装置，能通断一定的负荷电流和过负荷电流，不能断开短路电流。装有脱扣器时，在过负荷情况下可自动跳闸。

15. 高压负荷开关必须与高压熔断器串联使用，借助熔断器来切除＿＿＿电流。

16. ＿＿＿＿＿＿不仅能通、断正常负荷电流，还能接通和承受一定时间的短路电流。在短路时与继电保护装置配合自动跳闸，切除短路故障。

17. 高压断路器可分为油断路器、＿＿＿＿＿＿＿、＿＿＿＿＿＿＿＿、压缩空气断路器、磁吹断路器等。

18. ________断路器灭弧能力强，易于制成断流能力大的断路器。

19. 由于真空中不存在气体游离的问题，所以________断路器在触头断开时很难发生电弧。

20. ________断路器具有体积小、重量轻、寿命长、安全可靠、便于维护检修的特点，但价格较贵，主要适用于频繁操作、安全要求较高的场所。

21. 高压开关柜按断路器安装方式不同，可分为________式和固定式两大类。

二、选择题

1. 高压（　　）有简单的灭弧装置。

A. 断路器　　B. 负荷开关　　C. 隔离开关

2. 熔断器能起（　　）保护作用。

A. 短路　　B. 严重过载　　C. 过电压

3. 低压断路器的热脱扣器在（　　）情况下自动动作。

A. 设备短路　　B. 设备过载　　C. 线路短路

4. 电压互感器二次侧的额定电压是（　　）V。

A. 3　　B. 220　　C. 100

5. 没有灭弧能力的开关是（　　）。

A. 隔离开关　　B. 负荷开关　　C. 断路器

6. QF是（　　）的符号。

A. 避雷器　　B. 熔断器　　C. 断路器

7. SN10－10是（　　）式熔断器。

A. 真空　　B. 六氟化硫　　C. 少油

8. 没有灭弧能力的开关是（　　）。

A. QL　　B. QF　　C. QS

9. RN系列高压熔断器可作高压线路、变压器和电压互感器的短路保护，也可以兼作（　　）保护。

A. 过压　　B. 过载　　C. 接地

10. 户外跌落式熔断器的型号是（　　）。

A. RN2　　B. RN1　　C. RW4

11. 户内高压熔断器的型号是（　　）。

A. RN1　　B. RN2　　C. RW

12. 兼有过载保护功能的高压熔断器的熔体材料是（　　）。

A. 铅锡合金　　B. 锌　　C. 附有小锡球的铜丝

三、判断题

1. 熔断器的功能主要是短路保护，没有过负荷保护的功能。（　　）

2. 高压隔离开关不分户内、户外型。（　　）

3. 高压负荷开关具有明显可见的断开间隙。因此，它也具有隔离电源、保证安全检修的功能。（　　）

4. 高压断路器除在正常情况下通、断负荷电流外，还可在短路时与继电保护装置

配合，自动、快速地切除故障。（ ）

5. 利用 SF_6气体作为灭弧的绝缘介质的断路器，称为 SF_6断路器。（ ）

6. 高压开关柜是按一定的线路方案用相关一、二次设备组装成的一种高压成套配电装置。（ ）

四、简答题

1. SF_6断路器有哪些特点？

2. 高压负荷开关分为哪些类型？

3. 真空断路器的特点是什么？适用于哪些场合？

4．你在学习生活中或资料查询过程中，还见过哪些高压电气设备？高压电气设备有什么作用？

5．箱式变电站由哪几部分组成？

6．“KYN28A－12”表示什么含义？

§2－2　低压一次设备

一、填空题

1．低压成套配电装置包括低压配电柜和____________等，都是按一定的线路方案用________组装而成的一种成套配电装置，在低压配电系统中做动力和________

配电之用。

2．低压配电柜也称为低压开关柜，其结构有固定式、________和________三类。

3．低压成套装置配线，导线与电气元件应采用螺栓连接、____________、焊接等，导线的芯线应__________。

二、选择题

1．由于价格低廉，一般中小型工厂多采用（　　）配电柜。

A．固定式　　B．抽屉式　　C．组合式　　D．模块式

2．低压成套配电装置的正确生产工艺流程是（　　）。

A．设计→箱体、元器件等采购→采购品进厂检验→电气元件安装→检查→母线加工→配线→调试→成品检验→包装入库

B．设计→箱体、元器件等采购→采购品进厂检验→母线加工→电气元件安装→检查→配线→调试→成品检验→包装入库

C．设计→箱体、元器件等采购→采购品进厂检验→母线加工→检查→配线→电气元件安装→调试→成品检验→包装入库

D．设计→箱体、元器件等采购→采购品进厂检验→电气元件安装→母线加工→检查→配线→调试→成品检验→包装入库

3．二次回路中进行大线连接时，应注意导线长期使用电流应（　　）串联回路中电气元件的最小额定电流。

A．不小于　　B．等于　　C．不大于　　D．正比于

三、判断题

1．低压配电柜有时也可以兼做高压配电柜使用。（　　）

2．低压成套配电装置，配线要求整齐、美观，导线绝缘应良好、无损伤。（　　）

3．动力配电箱只能用于对动力设备配电，不可兼向照明设备配电。（　　）

四、简答题

1．GGD系列低压配电柜在生产中比较常见，其中的字母G、G、D分别表示什么含义？

2．一低压配电箱的型号为XLM，其功能是什么？该型号具有什么特征？

3. 低压成套配电装置配线时，线的颜色应如何选择？

4. 低压成套配电装置配线时，对于因设计修改而不使用的线头，应如何处理？

5. 列举现场临时用电配电箱安装规范要求中的两条要求。

§2-3 电力变压器与互感器

一、填空题

1. 电力变压器按功用分为升压变压器和降压变压器两大类，企业供电系统中常见的是__________。

2. 电压互感器的作用是将__________变换为__________。

3. 高压电流互感器大多制成不同______________的两个铁芯和两个绕组型式，分别接__________和__________，以满足测量和保护的不同要求。

二、选择题

1. 某电流互感器的变比是600/5，则一次侧的额定电流是（　　）A。
   A. 5　　B. 600　　C. 120

2. 电流互感器二次侧的额定电流是（　　）。
   A. 10 A　　B. 5 A　　C. 随主回电路而变

3. 变压器铁芯采用绝缘的薄硅钢片制造，主要目的是降低（　　）。
   A. 铜损耗　　B. 磁滞损耗　　C. 涡流损耗

4. 变压器是将一种交流电转换成同频率的另一种（　　）的静止设备。
   A. 直流电　　B. 交流电　　C. 大电流

5. 电流互感器的一次绕组的匝数（　　）二次绕组的匝数。
   A. 大于　　B. 小于　　C. 等于

6. 电压互感器的一次绕组的匝数（　　）二次绕组的匝数。
   A. 远大于　　B. 远小于　　C. 等于

7. 从原理和结构上来看，（　　）是与变压器相同的一种小容量的电气设备。
   A. 电抗器　　B. 电流互感器　　C. 电容器

三、判断题

1. 互感器结构和工作原理与变压器类似，是一种特殊的变压器。（　　）

2. 电压互感器工作时二次侧不允许开路，电流互感器工作时二次侧不允许短路。（　　）

3. 无论是电压互感器还是电流互感器，在使用时，其二次侧都必须有一端接地。（　　）

四、简答题

1. 电力变压器的作用主要有哪些？

2．互感器的功能是什么？

§2－4　电气设备的选择

一、填空题

1．低压一次设备的选择与高压一次设备的选择一样，必须满足在正常条件下和______故障条件下工作的要求，同时设备应工作安全可靠、运行维护方便、投资经济合理。

2．电气设备按______故障条件下进行校验，就是要按最大可能的____________________________校验设备的动、热稳定性，以保证电气设备在______故障时不致损坏。

二、判断题

1．高压一次设备的选择，应按正常工作条件选择，按短路故障条件进行校验。（　　）

2．电气设备按正常工作条件进行选择，只需要考虑电气装置的电气要求。（　　）

三、简答题

1．什么是动稳定性校验？校验条件是什么？

2．什么是热稳定性校验？校验条件是什么？

§2-5 主要电气设备的运行维护要求

一、填空题

1. 变压器的日常运行内容包括____________________、____________________和____________________等。

2. 变压器的投运是指______________________________。

3. 高电压作用下，气体或液体介质沿绝缘表面发生的破坏性放电称为________。

4. 在更换熔断器时，新熔断器必须和原熔断器的规格及型号________。

二、选择题

1. 变压器低温投运时，需要特别注意（　　）。

   A. 观察温控装置是否出现异常

   B. 防止套管内部受潮损坏

   C. 防止呼吸器因结冰被堵

   D. 倾听变压器声音是否异常

2. 高压隔离开关的运行维护应注意的事项不包括（　　）。

   A. 隔离开关的接触应该良好，不应发热

   B. 绝缘子应完好清洁，无裂纹及放电现象

   C. 运行时，应无振动和异常声响

   D. 灭弧触头及喷嘴应无烧损现象

3. 电压互感器投入运行后，应测量（　　）是否正常。

   A. 一次电压　　　　B. 二次电压

   C. 一次电压和二次电压　　　　D. 一次电流

4. 运行的变压器（　　）时，应立即停运检修。

   A. 内部响声很大或不正常，甚至有爆炸声

   B. 储油柜或安全气道喷油

   C. A 和 B 两现象同时发生

   D. A 和 B 中任意一个现象发生

三、简答题

1. 高压熔断器运行与维护的主要内容是什么？

2．变压器日常巡视检查主要包括哪些内容？

3．高压断路器维护的内容有哪些？

第三章　企业供电系统的变配电

§3－1　企业变配电站的作用和类型

一、填空题

1. 企业内部供电系统由高压和低压________线路、变电站或配电站以及用电设备构成。

2. 变电站是指从电力系统接收电能、________并对用电设备供电的场所。

3. 企业供电系统由总降压变电站、____________________、车间变电站、____________________及用电设备等组成。

4. 企业内部供电系统通常是由____________或工厂自备发电厂供电。

二、选择题

1. 起电能分配作用的场所是（　　）。

A. 车间变电站　　B. 高压配电站　　C. 开关站

2. 企业总降压变电站的二次电压一般为（　　）。

A. 6～10 kV　　B. 220/380 V　　C. 35～66 kV

3. 变电站的主要功能，除变换电压外，还有（　　）的作用。

A. 分配电能　　B. 变换功率　　C. 提高功率因数

三、简答题

1. 变配电站的作用是什么？

2. 企业变配电站有哪些类型？分别适用于什么场合？

§3－2　企业变配电站的主接线

一、填空题

1. 变配电站的主接线是实现________和________的一种电气接线。

2. 有总降压变电站或高压配电站的车间变电站，只设________室和________室。

3. 母线的作用是汇集、______和传送电能。

4. 对于具有____条电源进线、____台变压器的工厂总降压变电站，其一次侧可采用桥式接线。

5. 一次侧采用______接线方式可适用于电源线路较短而变电站负荷变动较大、需经常切换变压器的总降压变电站。

二、选择题

1. 只有一台变压器的小型企业变电站，其高压侧的控制方式为（　　）。

A. 隔离开关—熔断器控制

B. 负荷开关—熔断器控制

C. 隔离开关—断路器控制

D. 以上均可

2. 只有一台变压器的总降压变电站，其主接线通常采用（　　）的主接线形式。

A. 一次侧无母线、二次侧为单母线

B. 一次侧无母线、二次侧无母线

C. 一次侧为单母线、二次侧为单母线

D. 一次侧为单母线、二次侧无母线

三、判断题

1. 只有一台变压器的小型企业变电站采用隔离开关—断路器控制，简单经济，但停电和送电操作比较复杂，供电可靠性不高。（　　）

2. 有两台变压器的小型企业变电站的主接线高、低压侧均为单母线分段形式，供电可靠性相当高。（　　）

3. 外桥式接线适用于电源线路较长的变电站。（　　）

四、简答题

外桥式主接线有什么特点？适用于哪些场合？

§3－3 企业变配电站的运行管理

一、填空题

1. 企业变配电站的值班制度主要有____________和____________等。

2. 操作票应用钢笔或圆珠笔填写，票面应整洁，字迹应清楚，不得任意__________。

3. 在拉、合闸时，必须用断路器接通或断开负荷电流或短路电流，绝对禁止用______切断负荷电流或短路电流。

4. 在手动合上隔离开关时，必须迅速果断。在合闸开始时如发生弧光，则应毫不犹豫地将隔离开关________合上，严禁将其再行拉开。

5. 在手动拉开隔离开关时，应缓慢而谨慎，特别是在刀片刚离开固定触头时，如产生电弧，应立即反向重新将刀闸________，并停止操作，查明原因，做好记录。

6. 当线路或设备检修时，应在电源侧（如可能两侧来电时，应在其两侧）安装临时____________。

7. 高压设备发生接地时，室内不得接近故障点________以内。

二、选择题

1. 在无人值班的变配电站内，配电装置应至少每（　　）检查一次。

A. 年　　B. 月　　C. 周

2. 装设临时接地线时，应先装（　　），拆卸时则相反。

A. 三相线路端　　B. 接地端　　C. 负载端

3. 在操作隔离开关的动闸刀未完全离开静触头时，如发现带有负荷应（　　）。

A. 继续拉闸　　B. 立即合上　　C. 停在原地

4. 在操作隔离开关的动闸刀已全部离开静触头时，如发现是带有负荷拉闸，应（　　）。

A. 立即重新合上　　B. 一拉到底　　C. 停在原地

5. 倒闸工作票应由（　　）填写。

A. 监护人　　B. 值班负责人　　C. 操作人

6. 高压设备室外不得接近故障点（　　）m 以内。

A. 5　　B. 6　　C. 8

三、判断题

1. 采用无人值班制的企业变配电站，不需要每天进行巡视检查。（　　）

2. 变配电站值班员职责中规定，在处理事故时，一般不得交接班。（　　）

3. 配电装置应为定期巡视的项目之一，内容包括巡视高低压配电室的通风、照明及安全防火装置是否正常。（　　）

4. 为了确保运行安全，防止误操作，电气运行人员必须严格执行倒闸操作票制度和监护制度。（　　）

5. 倒闸操作必须由一人独立完成，并应严格执行监护制度。（　　）

6．在手动合闸隔离开关时，必须缓慢而谨慎。（　　）

7．在拉开单极操作的高压熔断器刀闸时，应先拉中间相再拉两边相。（　　）

8．在一般情况下，断路器不允许带电手动合闸。因为手动合闸的速度慢，易产生电弧，但特殊需要时例外。（　　）

9．变配电站送电时，一般从电源侧开关开始合起，依次合到负荷侧开关。（　　）

10．变配电站停电时，一般从电源侧开关开始拉起，依次拉到负荷侧开关。（　　）

四、简答题

1．什么是倒闸操作？它有哪些基本原则？

2．变配电站值班员职责的主要内容是什么？

3．变电站电气装置的运行维护的一般要求是什么？

4．变配电站的停电操作的主要程序是什么？

5. 如何才能防止在倒闸操作中发生误操作事故？

§3-4 企业常见的用电设备

一、填空题

1. 常见电气设备的工作制有长期工作制、________工作制和短时工作制。

2. 感应电炉分为中频和高频两种，需要系数较高，但_________很低，因此，必须采取措施提高________。

3. 控制闸门的电动机一般属于_________工作制。

二、选择题

1. 生产照明是（　）设备。

A. 断续周期工作制　　B. 短时工作制

C. 连续工作制

2. 桥式起重机的电动机是（　　）设备。

A. 连续工作制　　B. 短时工作制

C. 断续周期工作制

3. 短时工作制的停歇时间不足以使导线、电缆冷却到环境温度时，导线、电缆的允许电流按（　　）确定。

A. 断续周期工作制　　B. 短时工作制

C. 连续工作制

三、判断题

1. 企业中短时工作制的电气设备应用最广。（　　）

2. 短时工作制运行的电动机不能长期运行。（　　）

3. 桥式起重机属于一种连续工作制设备。（　　）

四、简答题

1. 写出五种连续工作制电气设备的名称。

2. 结合现场实地观察和资料查询，除教材中提及的以外，再列举几种企业生产现场的电气或机电设备。

※§3－5　电力负荷及其计算

一、填空题

1. 企业电力负荷一般可分为___级。

2. 一个企业的电力负荷随用电设备工作时负载的变化经常会发生变动。表示负荷随时间变化的曲线称为________曲线。

3. 计算负荷时，__________法是世界各国均普遍采用的计算方法。

二、选择题

1. 同时系数的意义在于表示用电设备是否（　　）工作。

A. 满负荷　　B. 同时　　C. 分期

2. 生产照明是（　　）级负荷。

A. 二　　B. 三　　C. 一

3. 对三级负荷在停电时间上的要求是（　　）。

A. 允许短时间停电　　B. 不允许停电

C. 允许长时间停电

4. （　　）级负荷不允许停电。

A. 一　　B. 二　　C. 三

5. （　　）级负荷需要两个独立电源来保证供电。

A. 一　　B. 二　　C. 三

6. 办公楼的照明是（　　）级负荷。

A. 一　　B. 二　　C. 三

7. 需要系数与（　　）无关。

A. 设备工作制　　B. 多台设备是否同时工作

C. 工作的设备是否满负荷

三、判断题

1. 电力负荷的分级是按其对供电可靠性的要求及中断供电造成的损失或影响的程

度划分的。 (　　)

2. 二级负荷属于重要负荷，不允许停电，因此，要求由两个独立电源供电。 (　　)

3. 年负荷持续时间曲线是根据全年的负荷变化，按照各个不同的负荷值，累计(全年时间按 8 760 h 计算）持续时间绘制的。 (　　)

4. 对于一级负荷的用电设备，应由两个及以上的独立电源供电。 (　　)

四、简答题

1. 电力负荷的含义是什么?

2. 计算负荷的主要目的是什么?

五、计算题

1. 某工厂机修车间有吊车电动机一台，其额定功率 $P_N = 5.5$ kW，$\varepsilon_N = 40\%$，求该电动机的设备容量 P_e。

2. 某金属加工车间有一台额定容量 $S_N = 2.2\ kV·A$的电焊机，$\varepsilon_N = 60\%$，$\cos\varphi$ = 0.62，求该电焊机的设备容量 P_e。

3. 某机修车间的金属切削机床组中，有 7.5 kW 的电动机 3 台，4 kW 的电动机 8 台，3 kW 的电动机 17 台，1.5 kW 的电动机 8 台，电压均为 380 V，求该用电设备组的计算负荷。

4. 某机修车间 380 V 线路上，接有 11 kW 的金属切削机床电动机 2 台，7.5 kW 的电动机 6 台，4 kW 的电动机 15 台，2.2 kW 的电动机 18 台，1.5 kW 的电动机 12 台，此外，还有总功率为 6 kW 的通风机 4 台，吊车类电动机（$P_N = 22$ kW，$\varepsilon_N = 40\%$）1 台，电焊机 2 台（1 台备用，每台 $S_N = 42$ kV·A，$\varepsilon_N = 60\%$，$\cos\varphi = 0.62$）。用需要系数法求该干线上的计算负荷。

5. 某施工现场有以下临时用电设备：2 台 15 kW 卷扬机、2 台 4 kW 砂浆机、3 台 1.1 kW 振动器、4 台 25.5 kW 电焊机；此外，其他用电为 20 kW，生活用电为 10 kW；额定电压为 380 V。计算现场总负荷。

第四章 企业供电系统的保护及二次回路

§4-1 继电保护装置的作用和基本特性

一、填空题

1. 继电保护装置是指由一个或多个________和逻辑元件按要求组配在一起，完成电力系统中某项特定__________的装置。

2. 保护装置在供配电系统发生短路故障时，能自动地将______________________切离电源。

3. 当线路出现不正常工作状态时，保护装置动作并及时发出________信号，以引起运行人员注意并及时处理。

4. 保护装置可以与其他自动装置配合，大大缩短短路事故的停电时间，及时恢复正常供电，从而提高了供电系统的运行________性。

5. 当供电系统发生故障时，只让离故障点最近的保护装置动作，切除故障元件，保证其他电气设备的正常运行，这种有选择地切除故障元件的性能称为________性。

6. ____________性是对继电保护装置性能的最根本要求。

7. 保护装置对其保护区内发生的故障或不正常运行状态，不论其位置如何、程度轻重，均应有足够的反应能力，保证动作，这种性能称为________性。

二、选择题

1. 继电保护装置应具备（　　），以尽可能减轻故障设备和线路的损坏程度。

A. 速动性　　B. 选择性　　C. 经济性

2. 电力线路的自动重合闸装置主要是提高供电的（　　）。

A. 经济性　　B. 可靠性　　C. 安全性

三、简答题

1. 继电保护装置的作用有哪些？

2. 对继电保护装置的基本要求有哪些？

§4－2 常用的保护继电器

一、填空题

1. 电磁式电流继电器的作用是反映____________________的特性变化。

2. 电磁式时间继电器用来使保护装置获得________________。

3. 常见的 DS－100、DS－120 系列继电器是_______________继电器。

4. 通过改变主静触头的位置，也就是改变________的行程，即可调整电磁式时间继电器的动作时间。

5. 电磁式中间继电器的作用是在继电保护装置和自动装置中增加触头__________和触头________的作用。

6. 电磁式信号继电器在继电保护和自动装置中用来发出保护装置动作的________。

二、选择题

1. DL 型继电器是（　　）继电器。

A. 电磁式电流　　B. 气体　　C. 电压

2. KM 表示（　　）继电器。

A. 信号　　B. 电压　　C. 中间

三、判断题

1. 能使电流继电器动作的最小电流，称为电流继电器的动作电流。（　　）

2. 时间继电器在继电保护中的作用是提供保护时限。（　　）

3. 中间继电器的特点是触点数量多和触点容量大。（　　）

4. 与其他电磁式继电器一样，电磁式信号继电器动作后可以自动返回。（　　）

四、简答题

什么是电磁式电流继电器的动作电流、返回电流及返回系数？

§4－3 电力变压器继电保护

一、填空题

1．变压器的内部故障主要有________短路、绕组的匝间短路和中性点接地侧单相接地短路等。

2．变压器的不正常工作状态主要有过负荷、油面降低、变压器______过高、绕组________过高、油箱________过高、产生________或____________故障等。

3．以气体继电器为核心元件的保护装置称为________保护（又称瓦斯保护）。

4．变压器的差动保护属于瞬时动作的主保护，其优点是保护灵敏度________，动作______。

5．变压器的过电流保护包括定时限过电流保护和________过电流保护两种。

6．当定时限的过流保护的动作时限超过________时应装设电流速断保护，作为快速动作的主保护。

二、选择题

1．变压器内部绕组短路时（　　）保护装置反应最灵敏。

A．差动　　B．速断　　C．气体

2．（　　）保护装置不能保护变压器的外部故障。

A．定时限过流　　B．气体　　C．速断

3．对油浸式变压器，内部匝间短路反应最灵敏的是（　　）保护装置。

A．速断　　B．气体　　C．过电流

4．（　　）保护的主要元件不是电流继电器。

A．过电流　　B．速断　　C．差动

三、判断题

1．因内部充满变压器油，所以瓦斯保护不能用于油浸式电力变压器。（　　）

2．定时限过电流保护的动作时间与故障电流大小无关。（　　）

3. 电流速断保护是一种瞬时动作的差动保护。 ( )

4. 差动保护的保护区在变压器一、二次侧所装电流互感器之间。 ( )

四、简答题

电力变压器在哪些情况下应装设相应的保护装置？常用的保护措施有哪几种？

§4-4 高压线路继电保护

一、填空题

1. 企业架空高压线路常见的故障有断线、碰线、绝缘子被击穿、各种形式的________等。

2. 对________来说，偶尔也出现使相间或相地之间绝缘击穿或断裂的现象，但是其接头不良或由于污秽而产生的故障比例较大。

3. 线路的定时限过电流保护主要由检测元件的电流互感器、启动元件的________继电器、时限元件的时间继电器、信号元件的信号继电器、出口元件的中间继电器等组成。

二、选择题

1. 高压线路的（ ）保护装置有死区。

A. 气体　　B. 速断　　C. 过流

2. 保护装置的死区是由（ ）保护来弥补的。

A. 定时限过流　　B. 低电压　　C. 气体

三、判断题

1. 高压线路的定时限过流保护，至少可以保护整个被保护线路，或者说保护范围最大。 ( )

2. 高压线路的速断保护，因没有动作时限，才有动作死区（不动作区）。( )

3. 两相一继电器式接线保护灵敏度高，并且简单经济。 ( )

4. 三相三继电器式接线对各种形式的短路故障都有反应。 ( )

四、简答题

1. 常见的高压配电线路的保护有哪些？

2．高压线路继电保护装置的接线方式有哪些？

§4－5　高压电动机继电保护类型

一、填空题

1．线路的相间短路保护，主要采用________保护接线和________保护接线。

2．高压电动机常见故障有定子绕组相间短路、________、定子绕组电压低、定子绕组过负荷等。

二、选择题

1．当电源电压突然降低或瞬时消失时，为了保证重要负荷的自启动，一般对次要负荷装设（　　），且动作于跳闸。

A．电流速断保护　B．过电流保护　C．欠电压保护

2．高压电动机的优点不包括（　　）。

A．功率大　B．承受冲击能力强　C．惯性小

三、判断题

1．供电回路一相断线可能导致过负荷。（　　）

2．欠电压保护的作用是保证电动机在低电压条件下正常运行。（　　）

四、简答题

1．什么是高压电动机？列举几种高压电动机的应用实例。

2. 高压电动机常见故障有哪些？列举其中的3个，并说明应相应采取哪种保护措施。

※§4－6 企业变配电站的操作电源与自动装置

一、填空题

1. 变配电站中的操作电源有________、________两大类。

2. ________在充电时会排出氢和氧的混合气体，有爆炸危险；而且排出气体会带出硫酸蒸气，有强腐蚀性，会危害人体健康和设备安全。

3. 采用交流操作电源时，对于某些继电保护装置通常由___________所传递的短路电流作为操作电源。

4. ARD是电力线路的_______________装置的简称。

5. ________是备用电源自动投入装置的简称。

二、选择题

1. 变电站中常见的直流操作电源是（　　）。

A. 铅酸蓄电池组　　B. 带电容储能的直流装置

C. 站内变压器

2. 装有电容器储能装置的变电站，储能电容器主要用于（　　）。

A. 断路器跳闸　　B. 发事故信号　　C. 供事故照明

3. 备用电源自动投入装置主要用于（　　）。

A. 一、二级负荷　　B. 一般设备

C. 普通照明

三、判断题

1. 采用交流操作电源时，有些继电保护装置经常用电流互感器所传递的短路电流作为操作电源。（　　）

2. 电力线路的自动重合闸装置只适用于电缆线路。（　　）

四、简答题

1. 什么是操作电源？

2. 目前在变配电站中主要采用的操作电源有哪些类型？各有什么特点？

※§4－7 企业变配电站的控制和信号回路

一、填空题

1. 在变配电站中，断路器的控制大部分采用＿＿＿＿＿＿控制。
2. 目前使用最多的断路器操作机构是＿＿＿＿＿＿＿＿＿。
3. 中央信号装置包括＿＿＿＿装置和预告信号装置两种。

二、选择题

1. 轻气体动作能使保护装置通过信号装置发出（　　）信号。
   A. 事故　　B. 预告　　C. 跳闸
2. 在变电站中，继电保护动作使断路器自动跳闸而发出的信号是（　　）信号。
   A. 事故　　B. 预告　　C. 指示

三、判断题

1. 控制开关是一种有转动手柄的组合式开关。它由外壳、转动手柄和触点盒等几部分组成。（　　）
2. 手动操作机构是在控制室内集中对远方断路器进行分、合闸操作的。（　　）

四、简答题

1. 什么是断路器的操作机构？企业中有哪些常见的类型？

2. 变、配电站包括哪些信号回路？各起什么作用？

3. 举例说明什么是变、配电站的预告信号。

第五章　企业电力线路

§5－1　企业电力线路的接线方式

一、填空题

1．电力线路按电压高低分为高压线路（________及以上线路）和低压线路。

2．电力线路按结构形式分为______________、电缆线路和车间（室内）线路等。

3．企业常见高、低压电力线路的接线方式有放射式、________和环形接线等。

二、判断题

1．放射式接线开关设备较多，故供电可靠性不高。（　　）

2．树干式接线的缺点是供电可靠性差。（　　）

3．环形接线的缺点是系统的保护装置的整定配合比较复杂。（　　）

三、简答题

1．三种常用的接线方式分别适用于哪些场合？

2．企业低压配电系统常采用哪种接线方式？为什么？

§5－2　架空线路的结构与敷设

一、填空题

1. 架空线路一般采用______________。在机械强度要求较高和 35 kV 及以上的架空线路上，多采用______________。

2. 为了防雷，有的高压架空线上还装设有__________。

二、选择题

1.（　　）具有结构简单、施工容易、投资少、维护和检修方便、易于发现和排除故障等优点。

A. 电缆　　B. 变压器　　C. 架空线

2. 在企业中，应用最为广泛的电杆是（　　）。

A. 木杆　　B. 水泥杆　　C. 铁塔

3. 下列材料中，制作横担最常用的是（　　）。

A. 木头　　B. 瓷　　C. 铁

4. 三相四线制低压架空线路的导线，一般采用（　　）排列。

A. 水平　　B. 三角形　　C. 垂直

三、判断题

1. 绝缘子又称瓷瓶，是用来支持导线的绝缘体。（　　）

2. 水泥杆的特点是经久耐用、维护简单，也比较经济。（　　）

3. 电压不同的线路同杆架设时，电压较高的线路应架设在下面。（　　）

四、简答题

1. 敷设架空线路有什么要求？

2. 导线在电杆上的排列方式有哪几种？分别适用于什么情况？

§5－3 电力电缆的结构、种类和敷设

一、填空题

1. ________线路与架空线路相比，具有成本高、投资大、维修不便等缺点。

2. 电缆是一种特殊的导线，在几根（或单根）绞绕的绝缘导电芯线外面，包有________和________。

3. 电力电缆种类很多，按其缆芯材质分铜芯和________两大类。

二、选择题

1.（ ）具有运行可靠、不易受外界影响、不需架设电杆、不占地面、不碍观瞻等优点，特别适合在有腐蚀性气体和易燃、易爆的场所使用。

A. 互感器　　B. 电缆　　C. 架空线　　D. 桥架

2. 柔软性好、易弯曲，在很大的温差范围内具有弹性的电缆类型是（ ）。

A. 油浸纸绝缘电缆　　B. 塑料绝缘电缆

C. 橡胶绝缘电缆　　D. 铜芯电缆

3. 目前，塑料绝缘电缆有逐步取代（ ）的趋势。

A. 油浸纸绝缘电缆　　B. 橡胶绝缘电缆

C. 架空线　　D. 导线

4. 敷设电缆时，路径的选择原则是（ ）。

A. 造价经济　　B. 方便施工

C. 安全运行　　D. 以上全部

三、判断题

1. 橡胶绝缘电缆优点很多，但也有明显的缺点，因此，只能做低压电缆使用。（ ）

2. 油浸纸绝缘电缆有逐步取代塑料绝缘电缆的趋势。（ ）

3. 橡胶绝缘电缆不宜用于需做多次拆装的线路。（ ）

4. 油浸纸绝缘电缆成本低，应用广泛。（ ）

四、简答题

1. 电缆线路与架空线路相比有哪些优点和缺点？

2. 电缆敷设竣工后，还应进行什么工作？遵循什么标准？

§5-4 车间线路的结构和敷设

一、填空题

1. 车间线路包括室内配电线路和________配电线路两类。

2. 绝缘导线按绝缘材料分，有橡胶绝缘的和________绝缘的两种。

3. 车间内的配电裸导线大多采取硬母线的结构，其截面形状有圆形、管形和矩形等，其材质有铜、铝和钢。车间中以采用 LMY 型________母线最为普遍。

4. 在裸导线上________，不仅可以用来辨别相序，而且能防蚀和改善散热条件。

二、选择题

1. 一般在室外敷设的绝缘导线，优先选用（　　）。

A. 橡胶绝缘导线　　B. 塑料绝缘导线

C. 裸导线

2. 交流三相系统中裸导线 V 相的涂色为（　　）。

A. 红色　　B. 绿色　　C. 黄色

三、简答题

1. 绝缘导线的敷设分为哪两种？分别适用于什么场合？

2. 裸导线上所涂颜色表示什么含义？

§5-5 电力线路导线截面的选择

一、填空题

1. 如果导线截面选择________，虽然能降低电能损耗，但会增加有色金属的消耗量，使初始投资显著增加。

2. 按________________________选择导线和电缆截面时，应遵循导线和电缆在通过计算电流时产生的电压损失不超过正常运行时允许的电压损失的原则。

3. 导线应选择一个比较合理的截面，既能减小电能损失，又不致过分增加线路投资、维修管理费用和有色金属消耗量，这就是按________________________选择导线截面。

4. 按规定，高压配电线路的电压损失一般不超过线路额定电压的________。

二、选择题

1. （　　）法不是选择导线截面的方法。

A. 标幺值　　B. 允许电压损失

C. 发热条件　　D. 经济电流密度

2. 电流较大、线路长度较短的照明线路导线截面，一般按选择（　　）的方法选择导线截面。

A. 经济电流密度　　B. 发热条件

C. 机械强度　　D. 标幺值

3. 按经济电流密度选择导线截面时，经济电流密度取值越小，所选导线截面（　　）。

A. 越小　　B. 越大

C. 不受影响　　D. 无法确定

4. 选择保护中性线（PEN 线）时，其截面应该不小于（　　）截面。

A. 保护线　　B. 中性线

C. 保护线和中性线中最大的　　D. 保护线和中性线中最小的

5. 当负荷较大、线路较长时，导线的选择应采用（　　）。

A. 最小截面法　　B. 允许电流法

C. 允许电压损失法　　D. 经济电流密度法

6. 导线截面选择应符合（　　）条件。

A. 发热条件和电压损失　　B. 经济电流密度

C. 机械强度和工作电压的要求　　D. 以上全部

7. 某线路首端电压是 220 V，在此基础上，上调了 5%，用户端的电压是 210 V，则该线路的电压损失是（　　）V。

A. 42　　B. 21　　C. 35　　D. 70

8. 对视觉效果要求较高的照明线路，允许电压损失为（　　）。

A. 10%　　B. 7%　　C. 2% ~3%　　D. 5%

9．为了满足负载对供电电压的要求，一般高压配电线路允许电压损失不超过额定电压的（　　）。

A．5%　　B．15%　　C．2%　　D．10%

10．380 V 一般架空线路，采用铝及铝合金线的最小允许截面是（　　）mm^2。

A．4　　B．10　　C．16　　D．12

三、判断题

1．导线截面选择过大，虽能降低电能损耗，但会增加有色金属的消耗量，导致初始投资显著增加。（　　）

2．导线在通过正常最大负荷电流时产生的温度，不应该超过导线正常运行时的最高允许温度，按此原则选择导线截面的方法称为经济电流密度法。（　　）

3．一般三相四线制线路的中性线截面 S_0 应该不小于相线截面 S_φ 的 80%。（　　）

4．根据经验，低压照明线路对电压的要求较高，一般先按允许电压损失选择导线截面，然后按发热条件和机械强度进行校验。（　　）

5．所谓电压损失是指线路首、末两端电压之差。（　　）

四、简答题

1．导线截面过大或过小，分别会有哪些危害？

2．什么是电压损失？一般的允许范围是多少？

§5-6　电力线路的运行与维护

一、填空题

1．对厂区架空线路，一般要求每月进行一次巡视检查，如遇大风大雨及发生故障等特殊情况时，应临时________巡视次数。

2．当进线没有电压时，说明是电力系统方面短暂停电。这时总开关不必拉开，但出线开关应全部________，以免突然来电时，用电设备同时启动，造成过负荷和电压骤降，影响供电系统的正常运行。

二、判断题

1．车间配电线路如有专门的维护电工，一般要求每周进行一次巡视检查。（　）

2．对于厂区架空线路，应根据情况适当安排夜间巡视。（　）

3．对于电缆线路，应根据负荷情况适当进行夜间巡视。（　）

4．当进线没有电压时，必须立即拉开总开关，以避免事故的发生。（　）

三、简答题

1．电缆线路运行维护的一般要求是什么？

2．线路运行中突然停电应如何处理？

第六章　电气防雷与接地

§6－1　雷电过电压

一、填空题

1. 过电压是指在电气线路或电气设备上出现的______正常工作电压的、对______有危险的异常电压。

2. 过电压按产生的原因不同分为___________和___________两大类。

3. 雷电过电压又称大气过电压，是由于电力系统中的设备、线路或建筑物遭受来自大气中的_____________而引起的过电压。

4. 雷云直接对输电线路或电气设备放电，强大的雷电流通过线路或电气设备时引起过电压，从而产生破坏性很大的热效应和机械效应，称为_________过电压。

二、选择题

1. 雷电电压的幅值通常可高达（　　）伏。

A. 一亿　　B. 一万　　C. 一千　　D. 一百

2. 在企业供电系统中，由于（　　）造成的雷害事故，占全部雷害事故的50%以上。

A. 内部过电压　　B. 直击雷过电压

C. 感应雷过电压　　D. 雷电波侵入

三、判断题

1. 雷云直接对输电线路或电气设备放电，强大的雷电流通过线路或电气设备时引起的过电压就是直击雷过电压。（　　）

2. 发生雷电感应过电压时，低压线路上的感应过电压将高达几亿伏。（　　）

3. 由电力系统本身的开关操作引起的过电压属于内部过电压。（　　）

四、简答题

1. 过电压有哪两大类？哪种危害更大？为什么？

2. 什么是感应雷过电压?

§6-2 防雷装置

一、填空题

1. 保护间隙又称角型避雷器，是最为简单经济的防雷设备，只用于室外不重要的__________。

2. 常见的避雷器有阀型避雷器、管型避雷器、保护间隙和__________避雷器。

3. 接闪杆和接闪线是防________的有效措施。

4. 接地体是接闪杆的地下部分，其作用是将雷电流顺利地泄入______。

5. 接闪线是悬挂在被保护物上方的钢绞线，由于它还要接地，所以也称______地线。

二、选择题

1. 接闪杆用于防（　　）。

A. 感应雷　B. 雷电波沿线侵入　C. 直击雷　D. 过电压

2. 避雷器接地是（　　）接地。

A. 保护　B. 人工　C. 重复　D. 自然

3. 阀型避雷器主要是由（　　）构成的。

A. 阀片　B. 火花间隙和阀片　C. 接地装置　D. 导线

4. 避雷器用于电气设备的（　　）保护。

A. 大气过电压　B. 操作过电压

C. 谐振过电压　D. 工频电压升高

5. 避雷器的接地引下线应与（　　）可靠连接。

A. 设备金属体　B. 被保护设备的金属外壳

C. 被保护设备的金属构架　D. 接地网

6. 防雷接地的基本原理是（　　）。

A. 过电压保护　B. 为雷电流泄入大地形成通道

C. 保护电气设备　D. 清除电感电压

三、判断题

1. 接闪杆和接闪线是防护感应雷的有效措施。（　　）

2. 阀型避雷器是由装在密封瓷套管中的火花间隙和阀片（非线性电阻）串联组成的。（　　）

3. 阀型避雷器阀片的数量随网络额定电阻的高低而增加或减少。　（　）
4. 阀型避雷器主要分为普通型和磁吹型两大类。　（　）

四、简答题

1. 接闪杆、接闪线、接闪网和接闪带在适用场合方面有哪些区别?

2. 避雷器的主要功能是什么?

§6-3 防雷措施

一、填空题

1. 对于10 kV及以下架空线路，经常采用________、________或高一级的绝缘子来提高线路的防雷水平。

2. 在配电设备的防护中，为了防止避雷器流过冲击电流时在接地电阻上产生的电压降沿低压零线侵入用户，应在变压器两侧相邻电杆上将低压零线进行__________。

二、选择题

1. (　　) 一般沿全线架设接闪线。

A. 10 kV及以下架空线路　　B. 35 kV架空线路

C. 66 kV及以上架空线路　　D. 所有架空线路

2. 如果变配电站不在附近更高的建筑物防雷设施保护范围内，则其室外配电装置一般装设（　　）来防护直击雷。

A. 接闪杆　　B. 接闪网　　C. 接闪线　　D. 保护间隙

3. 3～35 kV配电变压器一般采用（　　）保护。

A. 阀型避雷器　　B. 管型避雷器　　C. 保护间隙　　D. 接闪杆

三、判断题

1. 防雷措施一般指架空线路的防雷保护、变配电站的防雷保护、配电设备的防雷保护。（　　）

2. 对电压较高的线路，木质电杆对减少雷害事故有显著作用。（　　）

3. 对于中性点不接地系统的3～10 kV架空线路，常在三角形排列的顶线绝缘子上装设保护间隙防雷。（　　）

4. 变电站对直击雷的防护，为安全起见，一般不能采用装设独立接闪杆的方法。（　　）

5. 为了提高保护的效果，防雷保护设备应尽可能地靠近变压器安装。（　　）

6. 防雷接地是为消除雷电危害而装设的接地，其作用是导泄雷电流入地。（　　）

四、简答题

1. 架空线路有哪些防雷保护措施？

2. 变电站如何进行防雷保护？

3. 企业临时施工现场如何做好防雷保护？

§6－4 电气设备接地

一、填空题

1. 埋入地中并直接与大地接触的金属导体，称为接地体（或接地极）。接地体分为__________和自然接地体。

2. 为了保证电气设备的正常工作或防止__________，而将电气设备的某部分与大地做良好的电气连接称为接地。

3. 很多电气设备在正常工作时必须________，如变压器的中性点、防雷设备的接地等。

4. ____________包括：上、下水的金属管道；与大地有可靠金属性连接的建筑物或构筑物的金属结构；直埋地下的两根以上电缆的金属外皮和敷设于地下的各种金属管道等。

5. 工作接地是为保证__________________可靠运行，达到正常工作要求而进行的一种接地。

6. 设备的金属外壳经公共的 PE 线或 PEN 线接地，称为________，多用于中性点接地的低压三相四线制系统。

二、选择题

1. 电动机外壳接地属于（　　）接地。

A. 工作　　B. 保护　　C. 重复

2. 在保护接地的供电系统中，（　　）表示三相五线制线路。

A. TN－S　　B. TN－C　　C. TT

3. 为了保护人身安全，将电气设备上与带电部分绝缘的金属外壳与大地相连接，这种接地措施称为（　　）接地。

A. 工作　　B. 保护　　C. 重复

4. 在保护接零的供电系统中，表示三相四线制的代号是（　　）。

A. TN－C　　B. TN－S　　C. TN－C－S

5. 中性点不接地，而设备外壳接地的形式称为（　　）。

A. 保护接零　　B. 保护接地　　C. 接地或接零

6. 中性点接地，设备外壳接中性线的运行方式称为（　　）。

A. 保护接零　　B. 保护接地　　C. 接地或接零

三、判断题

1. 为了保证电气设备的可靠运行，在电气回路中某一点必须进行的接地，称为保护接地。（　　）

2. 避雷器的接地属于保护接地。（　　）

3. 在电源中性点直接接地的 TN 系统中，为了减轻 PE 线或 PEN 线断线时的危险程度，除在电源中性点进行接地外，还在 PE 线或 PEN 线上的一处或多处再次接地，称为重复接地。（　　）

4. 接地的作用就是为了安全，防止因电气设备绝缘损坏而造成触电。（　　）

5. 保护接地用于中性点不接地的供电运行方式。（　　）

6. 保护接零用于中性点直接接地的供电运行方式。（　　）

四、简答题

1. 电气设备接地的目的有哪些？

2. 什么是保护接地？有哪几种形式？

3．什么是工作接地？它有什么作用？

4．企业临时施工现场中，哪些设备设施应做保护接零？

第七章　企业电气照明

§7－1　电气照明的基本概念

一、填空题

1. 对于电气照明的要求，在量的方面，要在工作面上得到合适、均匀的________；在质的方面，要解决________、________、________等问题。

2. 严重的________可使人感觉到眩晕，轻微的________时间长了也会使人的视觉功能下降。

3. 在单一使用高压汞灯或高压钠灯的场合，如其显色性不能满足要求，可以采用__________方法提高其显色性。

4. ______是指光源在单位时间内向周围空间辐射出的使人眼产生光感的能量。

5. __________________是指光源向周围空间某一方向单位立体角内辐射的光通量，即称为光源在该方向上的光强。

6. ______是指受照物体表面单位面积投射的光通量。

7. 亮度是指发光体在视线方向单位投影面上的____________。

8. 光源的________是指光源对被照物体颜色显现的性能。

9. 企业电气照明按其光源分为自然照明（自然采光）和__________两大类。

10. ________因具有灯光稳定、色彩丰富、控制调节方便和安全经济等优点，而成为人工照明中应用最为广泛的一种照明方式。

二、选择题

1. 亮度的单位是（　　）。

A. lm　　B. cd/m^2　　C. lx

2. 物体颜色失真越小，人工光源的显色指数越接近日光的显色指数，说明光源显色性能越（　　）。

A. 好　　B. 差　　C. 不确定

3. 如果照明度的（　　）不好就容易导致视觉疲劳并有不舒适感。

A. 显色性　　B. 角度　　C. 均匀性

三、判断题

1. 白炽灯显色指数很高。（　　）

2. 光源对被照物体颜色显示的性质称为显色性。（　　）

四、简答题

1. 怎样才能获得良好的显色性光源？

2. 什么是眩光？有什么危害？如何限制？

§7－2 电光源、照明器及其选择

一、填空题

1. 常用的电光源按发光原理可分为热辐射光源和________光源两类。

2. 气体放电光源具有发光效率高、使用寿命________等特点。

3. 高压________的发光原理与荧光灯相同，不同的是灯内的汞蒸气压强较高，其值从一个大气压至数个大气压不等，因此光效比较高。

4. 金属卤化物灯是在高压汞灯基础上，为改善光色与光效而发展起来的一种新型光源。它具有________好、光效高及受电压波动影响小等优点，是目前比较理想的光源。

5. 按照发光原理分类，高压钠灯、卤化铝灯等都属于________________类型的灯具。

6. 氙灯是惰性气体放电弧光灯，氙气在高压下放电产生很强的白光，接近连续光谱，和太阳光十分相似，故有____________之称。

7. “从照度上满足生产条件，尽量选用光效高、寿命长、直接配光的灯，以达到合理利用光通量和减少电能消耗的目的”，这是在__________________选择时首先应考虑的问题。

8. LED 灯是以____________为发光器件，具有使用低压电源、________、适用性强、稳定性高等优点。

二、选择题

1. 在易燃、易爆场所，照明灯具应选择（　　）。
   A. 闭合型　　B. 密闭型或防爆型　　C. 开启型

2. 在多尘、潮湿和有腐蚀性气体的场所，应选（　　）的照明灯具。
   A. 密闭型　　B. 保护型　　C. 防水型

3. 电光源中，综合显色指数最好的是（　　）。
   A. 白炽灯　　B. 荧光灯　　C. 高压汞灯

4. 一般来说，电光源的有效寿命以（　　）为最长。
   A. 白炽灯　　B. 荧光灯　　C. 高压汞灯

5. 对于照度及显色性要求高的场所，如设计室、图书馆、教室、印刷车间等宜采用（　　）。
   A. 荧光灯　　B. 高压汞灯　　C. 白炽灯

6. 照度要求高、被照面积大的屋外场所（广场等）一般不宜采用（　　）。
   A. 管形氙灯　　B. 白炽灯　　C. 金属卤化物灯

7. 在相对湿度大于 85% 的潮湿场所，宜采用（　　）灯具。
   A. 开启型　　B. 防潮型　　C. 经济型

8. 在一般的场所，应尽量用（　　）灯具，以得到较高效率。
   A. 开启型　　B. 防潮型　　C. 防爆型

9. 绝大部分防爆灯具的防触电保护形式为（　　）类。
   A. Ⅲ　　B. Ⅱ　　C. Ⅰ

10. （　　）是靠电流通过灯丝时产生大量的热能，使灯丝温度达到白炽的程度，从而引起辐射发光的。
    A. 荧光灯　　B. 金属卤化物灯　　C. 白炽灯

三、判断题

1. 光源是指能产生可见光的辐射体。（　　）
2. 荧光灯属于热辐射光源。（　　）
3. 卤钨灯比白炽灯发光效率高。（　　）
4. 因为荧光灯具有光效高、寿命长、价格低等优点，所以被广泛使用。（　　）
5. 高压汞灯适宜在显色性要求高、频繁开关或者比较重要的场合使用。（　　）
6. 高压钠灯辐射光的波长集中在人眼较敏感的区域内，所以常用于道路等室外照明。（　　）

7. 电光源的主要性能指标有光效、寿命、色温、显色指数、启动性能等。 （ ）

四、简答题

1. 什么是防爆灯具？哪些场合需要使用防爆灯具？

2. 企业常用电光源的选择原则有哪些？

3. 高压钠灯、荧光灯和LED灯的区别有哪些？

4. 企业如何选择照明器的类型？

§7-3 照明种类及照度标准

一、填空题

1. 对于工作场所需要高照度并对照射方向有特殊要求的场合，常采用________方式。

2. 一般照明是电气照明的基本方式，在满足规定的______方面，它起主要的作用。

3. ________照明是在较重要的工作场所或为疏散人员而设置的照明。

二、选择题

1. 对于工作位置密度很大而对光源方向又无特殊要求，或工艺上不适宜装设局部照明装置的场所，宜单独使用（　　）。

A. 一般照明　　B. 混合照明　　C. 局部照明　　D. 重点照明

2. 正常照明的电源失效时启用的照明类型不包括（　　）。

A. 疏散照明　　B. 警卫照明　　C. 安全照明　　D. 备用照明

3. 以下照明设置维护与管理行为，错误的是（　　）。

A. 由兼职人员负责照明运行

B. 更换电源时，采用与原设计相同的光源

C. 定期进行擦拭、清洁工作

D. 对重大建筑主要场所的照明设施，不定期安排巡视和照度的检查、测试

三、简答题

什么是应急照明？举几个日常生活中或生产中应急照明的实例。

§7-4 照明器的布置与供电方式

一、填空题

1. 照明器的布置方式可以分为＿＿＿＿＿＿和＿＿＿＿＿＿。
2. 在正常环境中，企业一般照明光源的电源电压采用交流＿＿＿＿V。
3. 照明供电宜采用＿＿＿＿＿式和＿＿＿＿＿式结合的系统。
4. 照明配电干线和分支线应采用＿＿＿＿＿＿，分支线截面不应小于＿＿＿＿。

二、选择题

1. (　　) 时，照明的均匀度好，但经济性差。

A. 距高比大　　B. 距高比小
C. 灯悬挂高度大　　D. 灯悬挂高度小

2. 移动式和手提式灯具采用Ⅲ类灯具的电压值在干燥场所应不大于 (　　) V。

A. 25　　B. 50　　C. 36　　D. 100

3. 照明系统可与动力系统共用电源的情况是 (　　)。

A. 室外照明　　B. 重要工作场所照明
C. 局部照明　　D. 应急照明

4. 照明线路的负荷电流应 (　　)。

A. 小于导线长期允许电流值　　B. 小于保护装置的额定电流
C. 大于导线长期允许电流值　　D. 大于保护装置的额定电流

三、判断题

1. 照明器的悬挂高度过高时，易产生眩光。 (　　)
2. 由于照明光源对电压水平要求高，所以照明线路以根据允许电压损失进行选择为主。 (　　)
3. 照明灯具的端电压一般不宜大于其额定电压的 105%。 (　　)
4. 旅馆的门厅宜采用夜间定时降低照度的自动调光装置。 (　　)
5. 疏散照明的出口标志灯和指向标志灯宜用应急发电机组供电。 (　　)

四、简答题

1. 选择照明电压时应注意哪几点?

2. 选择照明线路截面时，应以什么方法为主？用什么方法进行校验？

第八章　企业的电能节约

§8-1　节约用电的意义和措施

一、填空题

1. 能源紧张是我国面临的一个严峻的问题，其中也包括________供应紧张。

2. 由于电能在能源中的重要位置，所以说节能关键在________。

3. 随着新材料、新工艺、新技术的不断出现，企业电气设备不断向________、低耗方向发展。

4. 无论是提高自然功率因数还是用无功补偿装置提高功率因数，都可以使线路的电能损耗________，提高发、变电设备的供电能力。

二、判断题

1. 目前，从我国电能消耗的情况来看，70%以上消耗在企业，所以企业的电能节约应特别值得重视。　　（　　）

2. 加强节电的科学管理是节电的措施之一。　　（　　）

3. 无论是提高自然功率因数还是用无功补偿装置提高功率因数，都可以达到节电的目的。　　（　　）

三、简答题

1. 为什么不断开发节电设备是积极的节电措施？

2. 节约用电的措施有哪些？

§8－2　电动机与变压器的节能

一、填空题

1. 所谓节能电动机，就是在设计制造上全面降低电动机________的功率损耗，以提高电动机的效率。

2. 合理选择电动机类型、合理选择电动机功率以及合理选择电动机的机械特性，是实现________节能的有效方法。

3. 变压器的节能主要有两个方面：一是在选型时，应选低损耗型的变压器；二是减少变压器运行时的________损失。

4. 变压器的________损失由铁芯中的有功功率损失和有负荷时一、二次绕组中的有功功率损失两部分组成。

5. 变压器的________损失由用来产生主磁通即产生励磁电流的一部分无功功率和消耗在变压器一、二次绕组电抗上的无功功率两部分组成。

6. 变压器经济运行的临界负荷用______表示。

二、选择题

1. Y 系列节能电动机具有多项优点，其中不包括（　　）。

A. 转矩高　　B. 功率大　　C. 体积小　　D. 质量轻

2. 生产运行中，应合理选择电动机的功率，当电动机的负荷率低于（　　）时，可直接更换小功率的电动机。

A. 30%　　B. 40%　　C. 50%　　D. 20%

3. 电力变压器的节能，除考虑选低损耗型的之外，还可以采用（　　）方法。

A. 经济运行　　B. 提高电压

C. 减少负荷　　D. 增加负荷

三、判断题

1. 定期保养、维护电动机也能达到节电的目的。（　　）

2. 变压器是电源设备，通常是长期连续运行的，因此，变压器运行时的节能尤为重要。（　　）

3. 由运行经验可得，变压器的功率损失计算公式为 $\Delta P_{\mathrm{T}} \approx 0.015S_{30}$，$\Delta Q_{\mathrm{T}} \approx 0.06S_{30}$，适用于低损耗型变压器。（　　）

4. 变压器的经济运行是指变压器如何运行本身消耗的电能最少。（　　）

四、简答题

1. 从节能的角度来看，应怎样选择电动机？

2. 什么是无功经济当量？它与什么因素有关？在企业它的取值范围是什么？

五、计算题

某企业变电站装有两台 S9－800/10 型（Y,yn0 接线）变压器，计算该变电站变压器经济运行的临界负荷值。有关技术数据如下：$\Delta P_0=1.45$ kW，$\Delta P_k=7.2$ kW，$I_0\%=1.2$，$U_k\%=4.5$，$K_q=0.1$。

§8－3　提高企业供电系统的功率因数

一、填空题

1. 功率因数__________，则取用的无功功率大，视在功率和总的电流也大，从而导致电能损耗和电压损失的增加。

2. 高压供电的用户功率因数为__________以上。其他电力用户功率因数为0.85以上。

3. 我国电业部门每月向企业用户收取的电费要按________功率因数的高低来调整。

4. 最大负荷时功率因数是指在年最大负荷（或计算负荷）时的功率因数，计算公式为____________。

二、选择题

1. 高压负荷的企业，（　　）功率因数要求不低于0.9。

A. 瞬时　　B. 平均　　C. 最大负荷时的

2. 对100 kV·A以上的高压供电用户，要求它的功率因数应在（　　）以上。

A. 0.9　　B. 0.85　　C. 0.8

3. 提高自然功率因数主要是（　　）。

A. 设法降低用电设备本身所需的无功功率

B. 安装电容器

C. 减少感性负载数量

4. 在大、中型企业，最常见的功率因数的人工补偿方法是（　　）。

A. 静电电容器补偿　　B. 调相机补偿

C. 同步电动机补偿

三、判断题

1. 对耗电量高的企业，通常仅依靠提高自然功率因数的方法即可满足要求。（　　）

2. 设法降低用电设备本身所需的无功功率可改善其功率因数。（　　）

四、简答题

1. 有人认为：电气设备中存在电容和电感，在工作过程中会产生无功功率，这些功率是无用的，造成了电能的浪费，提高功率因数就是要减少这些设备产生的无功功率，从而节省电能。这种说法是否正确？为什么？

2. 在大、中型企业，最常见的功率因数的人工补偿方法是什么？

3. 什么是集中补偿方式？适用于什么场合？